过晓 著

Cat

isn't

Cat

 浙江人民出版社

U0181845

过晓，号游心亭主。文学博士。毕业于南京艺术学院艺术学研究所。专业方向为中国传统艺术美学研究。南京大学文学院博士后流动站出站。出版著作：《论作为中国传统绘画美学概念的"似"》《傻瓜的美学（第一季）》《在抵达中漂泊》。独立艺术作品展：《守旧的先锋》《花瓣上的乡愁》等。

现不在江湖，只在竹院更深处。

自序

　　我们原本就是世界上孤独的一群，独自来去，独自纵横，独自驰骋。你相信也罢，玩笑也罢，我们一直都在，气息永存。

　　这次我将自己近几年生活中的一点养猫经历和感受及有关猫的图片集成了一本册子，题为《猫非猫》。

　　在我看来，我们和猫应该是世界上完全平行的两个独立体。我们之间或许永不相识；也许，曾彼此相互取悦，转身，相互遗忘；也许，有那么一段长长的时光，我们彼此需要，你被迫臣服，我无限钟情。然而，事实上，我们始终是各自独立，从不相互为难，唯有可有可无的一点寄托与期盼。日夜不变，你来我往，有的事出有因，互生了欢喜；有的片刻注视，我进一步，你退两步，阳光下自娱自乐而已；有的，则从无瓜葛，猫是猫，你仍是你。

　　从没想过会为猫写本小书，也是机缘巧合，对猫有了更多的了解，甚至通过猫，对自己也有了更清醒的认识。猫不会说话，确切地讲，他们说的是人听不懂的话。人会说话，可是人会说的，总是自以为是的话，其实，不少时候这些话，都是早已背离事实真相的话。在这本册子里，我所写下的话，也只是试图尽量客观地对猫、对自己所写下。

书分上、下两辑，分别为"猫是猫"和"猫非猫"。册子取名《猫非猫》用意有二：其一，书中的图片以猫为主，另还加进了部分无关猫的内容，是为了对主题的外延做更充分地表达；其二，书中内容除了对猫的日常，如繁殖生长、玩耍打闹、受伤死亡等做了真实记录之外，也是想借由对猫的观察，并通过其与人类行为的一些对比，更客观地反映出红尘俗世中，人性的种种长短及万千种可爱。

　　《猫非猫》，猫非猫，猫是猫。猫虎同科，虎是大猫，猫是小虎。书中所展开的一些联想，似有些天马行空而成的意味，但我也认为，这本书本身总还是有可交代之处。当然，如果读者翻阅后，能够生出属于你们自己的好玩的想法，本书的用意，自会明朗清晰。是为序。

目录

猫是猫

猫非猫

III

Cat

is

猫是猫

Cat

引子

　　如果，我们用诸如美丽、慵懒、可爱、温柔等类似形容某些女性性格的词，来暗示猫所具有的这些特性的论调可以成立的话，我想我们也一定不会将同属猫科动物的狮子、豹、老虎等作同类比喻。当我们从犬类身上发现忠诚有多么可贵时，对于猫，除了已探知到的他的各种真实特性，以及在诸多古老传说中，想象出的神秘的象征意义外，今天，我们从猫身上还发现了什么，值得我们对他们有更多的理解，更多的宠爱？事实上，我也同意猫与女性确实存在着某些相似的特质，但我倒更愿意在猫身上加上如虎一般的男性特征：傲慢、无情、隐忍、放肆、难以驯服、精力充沛、冲劲十足，即使有一天被迫收起爪子，俯首称臣，一旦有机会进入真天地，必是一番大作为。有些特质后天学得，有些，与生俱来。

思想者的雕刻时光——艾玛

艾玛，一只从不与人亲近的猫，从不。她自始至终保持着作为一个猫科动物应有的特性——自由独立。她拒绝所有人类对她的示好行为，这看上去十分冷酷、不近情理，但这就是艾玛，一只决不向任何人撒娇、献媚的猫。她和人的安全距离永远在一丈以外，作为一只人类将之渲染成具有女性特性的猫来说，艾玛是个例外。艾玛的喜怒哀乐只同她认为信得过的同伴或是孩子们分享。通常，如果不用哺乳，艾玛白天会去后山活动，很难见到她。她永远在你找不到的地方释放天性，千呼万唤，也不可能出现在你视线范围内。关于食物，艾玛更不会为了一点食物，放下自我，曲意逢迎，委曲求全，绝不会。当她站在窗台上，"喵喵""喵呜"两声后，如果你置若罔闻，她即转身离开。艾玛的存在，对于喜欢猫的人来说，是一种非一般的考验。

即使如此，即便在连朋友都谈不上的关系中，艾玛还是成了我生活中的重要成员，在本无须有责任、有义务的关系中。在她身上，我隐约看到了一个孤独者的影子，一个完全沉浸在自己世界中的精灵。就这一点来说，艾玛极像个思想者，她用她的行为雕刻着她的孤独时光。而我，是自愿追随她的那个人。

艾玛的出现，使我发现了许多不同以往的新乐趣，知道了很多有道理的老话，的确真是言之有理。我想，我从她那里学到的一定远多过她从我这里得到的。更重要的是，我明白了，不必四处张望，在孤独中自由自在，是一件如此普通的事。

无为

　　艾玛一如既往，气定神闲地在我的世界里冷静观望，与以往不同的是我。现在，我与艾玛的目光常会在同一个方向汇合，静静地，不为风动，不为你动。

童年

　　艾玛抱来家时，才一个半月，刚断奶。那时家中已经有了花花、麦克·王、文森特三只猫。艾玛整日与三个伙伴相伴玩耍，十分快活。据人类心理学揭示，童年的经历遭遇，童年的快乐或不幸、安全或惊恐，对其日后的性格、思想气质、兴趣的形成等，都非常重要，有的甚至会影响其一生。无人知晓这个理论是否可用于动物世界？尽管无从把握艾玛的童年情绪，但无论如何，我愿意相信，在她生命最初的时光，那些爱与快乐，永远不会在她的记忆里熄灭，因为，那是一道永恒的温暖光亮。

如虎添翼的梦想

　　如果你要飞翔，请牢记：一定要心无旁骛、无所畏惧、目光坚定，直冲云霄。是抛弃假象，是在苏醒中见到热望，是奋力拨开沉沉云雾、追寻梦想，是在无限可能中，活得淋漓酣畅。

香樟树下

后院有两棵香樟树，一前一后，一棵高一些，一棵矮一些。香樟树枝叶茂密，四季常青。每年春天来临，叶子新旧更替，枯叶落满一地，一脚踩下去，伴着"嘎吱嘎吱"的脆响，瞬间就能闻到浓浓的香味在空气中迷漫，沁人心脾，十分提神，是香樟树特有的味道。

在香樟树下遇见猫是件平常事。猫要磨爪，树杆是很好的磨爪工具。有时磨着磨着，他们就上了树。猫科动物中，猫算是最会爬树了，老虎不太会，传说是猫没有认真地教他们。中国狸猫身手矫捷，上树极快，经常上演"速度与激情"一幕，毫无惧色，让人羡慕。宠物猫，刚开始上树前，要做不少热身动作。艾玛很少爬树，除非被小狗追得发了急才用此下策。如同非洲大草原上的豹子，被鬣狗群攻，奋不顾身上了树后，才掌握了此本领。不过，也不能就此认定所有的猫都会爬树。猫心脏的强弱、胆子的大小等，是决定他们能否成为狠角色的重要因素。有些猫与人一样，可能还患有恐高症，上了树便再也不敢下来。去年秋天，家里的另一只猫西西困在了十多米高的香樟树的顶部，呼叫了整整一夜，第二天不得不借助各种工具才将他成功解救。

当然，猫一旦能成功上树下树一次，对于这份来之不易的经验，日后一定是十分受用的。

我喜欢香樟树，家里只有用了好多年的樟木箱子，是母亲买的香樟木，请木匠到家里来打制的。箱子用黄油漆漆过，一直亮亮的，像新的一样。小时候就听大人说，用樟木箱存放衣物不会被虫子蛀咬。现在箱子里放着父亲留下来的一件狐坎，每年夏天打开翻晒。与从前不同，如今箱子无喜无悲，香樟独有的新鲜劲早已下沉，气息虽熟悉，但已不再常常想起……

　　仲春里，搬一把躺椅放在香樟树下假寐，风吹过，几片黄叶子、几粒黑果子落在身上。猫聚拢在躺椅四周玩耍，精力充沛地跑来跑去，踩在没有完全清理干净的香樟叶上，在人半梦半醒的边缘，"沙沙""沙沙"地响。

　　冬季雪后，在香樟树下走动也能碰上有趣的事。太阳出来，天很蓝，雪在化，猫从屋檐下经过，听到香樟树叶上的积雪"哗"一下掉下来一大片，吓得能飞跑出去老远，人在后面好像得了一个意外的欢喜，呵呵地笑，猫一直不知道为啥。

怀疑者

　　作为一个思想者，他必须是孤独的、善于怀疑的。艾玛屋子朝北的墙上，有四扇相同的窗子，艾玛每天会从固定的半掩的窗子进出。但有时因为打扫屋子，窗子的开合可能会在无意间发生变化。遇到这种情景，对于换了另一扇半开的窗子，艾玛都会非常警觉，必须反复确认许久，伸长脖子仔细辨认，嗅了又嗅，看了又看，最后才会小心谨慎地从新换开的窗子进屋。

　　猫的警觉与人类相似，对于突然改变的事物，难免会心存疑虑，不断怀疑、猜测、回忆、推想、论证，直到找到让自己心安的理由为止。安全是生存环境的第一要素，这点大概所有动物都与人一样。

生气中的艾玛

作为一只宠物猫，艾玛也有对人忍无可忍的时候。

因为对猫有很多期望和征服的欲望，我们总是会一次次用诱惑的口气下令"咪咪，来，这样……" 人类可不能被拒绝，强烈的主人翁意识一旦受挫，实在有失体面。

艾玛对于在雨雪天气被迫关进笼子这件事，向来非常不满意。每回都要严肃地发出"喵——呜""喵——呜"低沉的抗议。人自以为是一颗满怀爱意、关怀他人的好心，在另一颗极度向往自由的心的面前，是难以被打动的。

让艾玛生气的事又何止这一件。有一年万圣节晚上，给艾玛做造型，披风、南瓜灯、巫婆帽，披挂整齐后，刚想拍照留念，艾玛突然愤怒，挣脱开袍子往门口冲。当再次强行被抱回化装后，艾玛终于放弃了挣扎，一动不动，一脸鄙视、两眼放空。事后作了反省检讨，有些惭愧。孤傲的艾玛，面对人类的愚蠢自私、完全不顾及他人感受的行为，所表现出的有声、无声的不配合的反抗态度，是正确有力的。世间万物，原本每个生命皆是平等，然而在现实面前，我们又常常无力反驳。不过，常常反省"原来是这样"是件好事。

猫偷腥与人出轨

猫喜欢吃有腥味的食物，是与生俱来的，有科学依据。人们以前似乎习惯用"猫偷腥""没有不偷腥的猫"来为男人的出轨根源进行开脱，可能是要让大家感到此行为的不耻，所以用了一个"偷"字，现在细想，也不是很妥当。

猫吃带腥的食物，是猫自身体内无法合成牛磺酸所致的身体需求，一旦缺少有腥味如鱼、虾、贝类中所含的一些元素，猫的夜视功能会受到很大影响，严重的还有可能导致失明。猫吃老鼠与吃鱼一样，其实都是一种本能需求。而人的出轨问题，是属于人类的道德范畴，且男人和女人都有可能发生。而人是完全可以通过自我约束、自我控制来阻止这种所谓的"偷腥"行为。所以似乎不太好用"猫偷腥"来形容人类的一些不耻行为，不过，这总比"狗改不了吃屎"要好听些。

假如，艾玛

假如，我们哼唱的歌谣有几分彼此能听懂；

假如，目光所及的山林永见郁郁葱葱；

假如，记忆里常有温情灌溉，可以暖了寒冬；

假如，灵魂永不被遗忘，生命永是鲜艳的血红；

假如，艾玛！我对你许过的愿望都不落空；

假如，我们永远相守在同一个日月行宫……

艾玛！叶子绿了又黄，黄了又绿，请你相信我，生命的每一道裂缝都将被足够的阳光、微风、细雨抚平。艾玛！不要去多虑明天的食物或太阳是否会升起，我想让你知道，尽管我有着许多你不明了的难题，可我总感到，皑皑白雪下一定都隐着嫩绿，我们的每一天，都藏有点点欢愉。

假如，艾玛，我们彼此永见欢颜，永不存遗憾，那会是怎样的浪漫！

形 · 态

  每一个有趣的生命状态，都值得欢喜，值得赞许。

  每一个有意思的彩色之梦，都值得庆幸，值得唤醒。

麦克·王的梦想在远方

经过反复的思量，在无限的惆怅中，麦克·王终于将梦想，寄往了远方。

麦克·王是一个胖子

麦克·王坚信他的梦想一定在远方。理由充足，不便阻拦。

麦克·王是朋友在夏天抱过来的，来时九个月大。因为大量掉毛，身上条纹已经开始模糊。送来的人临走解释并关照："因为先前的主人并未善待，原主人知晓后颇为不舍，花了钱将其赎回。回至老家中，麦克·王又与家里母猫过早交欢，伤了身体。几易其主，造成麦克·王身心受挫、体质虚弱，掉毛是正常的事。只要日后好生相待，目前这样子，很快就会扭转！"言下之意也就是说：从今往后，只要吃好、玩好、睡好，相信麦克·王不久就能恢复他作为一只美国短毛猫该有的毛发浓密、威武霸气之态。话已至此，一边用湿毛巾擦去接抱麦克·王时沾了一身的猫毛，一边宽慰朋友"请放心"。尽管以前听人说过，猫狗不宜多换主人，否则会造成他们性格的缺失，即使新主人加倍呵护，他们有机会仍会离家出走。当然，朋友所说的希望，自然也是我的美好愿望。

"老子我很是火大"

与很多动物类似，猫也有着很强的领地观念，有着先来后到的主次之分意识。自从麦克·王到家后，他和原老大花花就有了过结，生了仇怨。

说实话，帅气的宠物猫麦克·王其实可以算得上是十分尽责的，除了每日会常过来于脚下绕圈，渴望得到新主人的宠爱，就连每次家里来客人时，麦克·王也是努力讨好每个抚摸他的客人。不过，这些事都只能在老大花花外出缺席时才会发生。一旦花花不知从何处跳进现场，发现麦克·王做出如此媚人之举，还得到众人夸奖的话，一场决斗是必不可少的。

决斗从对吼的口头警告开始，经过很长一段时间你一声、我一声的僵持后，最后仍是以干架作为决出胜负的主要方式。狭路相逢勇者胜，流血显示着决战的程度，无论发生在哪一方身上。伴着飘在空中的猫毛，通常都是麦克·王先败下阵来，花花则立于原地，边吐着一嘴毛，边大口大口喘着"老子我很是火大"的粗气。

关于爱情，你别问谁

说来话长，最终导致结梁子的事其实还是关于爱情的事。

艾玛于麦克·王之前已与花花成了好朋友，麦克·王纯属后者介入。当然，关于爱情，什么事都不好说。花花一向冷静，也许始终觉得艾玛还未长大，所以也就一直未对艾玛有所表白。谁知道半路来了聪明的"程咬金"，防不胜防的爱情攻势，就此如火如荼地展开。爱情，纵使一腔炙热的情感，不到火候估计也难以攻下。在一次次的试探、尝试中，麦克·王终于打开了艾玛的心扉。冬天，麦克·王播下了爱的种子，艾玛在第二年的春天，生下了六个孩子。这也许是麦克·王在去远方之前留下的最好的爱情礼物。

　　爱情，起先是热烈的心被狂热的欲念占有，然后，慢慢地、慢慢地将夺来的心交还，从此，天涯共赴，彼此成全。

请问，爱情，是否最终皆是一桩一桩心甘情愿、相许相随的圆满？是否是一次一次呼唤永远等你回来的信誓旦旦？

爱情，是否是丰富、充盈你我生命的某种源泉？是否也会是刹那间无比勇敢，后来情意两断？爱情，是否也允你半途而废，寻另一程依归？爱情，是否是一个一个故事传说，或皆大欢喜，或让人心碎？关于爱情，你可真别问谁！

致麦克·王的思念

亲爱的麦克·王，你好！今早你会在哪里醒来？

你的离家，是有准备的意料之中的事，只是没料到来得有些快。起先以为你只是按惯例每天出去散个心，早晚总是要回家的。或许一直以来在这个新家的压抑，已足以让你下定决心，去外面实现自己的梦想，过自己想过的日子了。从此，不再寄人篱下。从此，一切都是畅快的、自由的。尽管我总希望你能留在我的视野里，可是正因为我知道，很多事都不能强求，活着，本就应该在不如意的地方离开，在宁静快乐处长守，像人类一样，学会通过改变环境来改变自己的命运。所以，我不想难过，我不能劝你不去远方看看，在我也常去远方的时候。

写于麦克·王离家一月后

艾玛之子

　　不管怎样，艾玛的孩子们还是很好地继承了艾玛和麦克·王的特点，原先对于不知艾玛的缺陷部分是否会遗传给后代的担忧，现在看来是一种多虑。在艾玛活下来的五个孩子中，除了"欠你钱"稍有异举之外，其余的四个孩子，丝毫未受任何影响，真是一件幸运的事。在孩子们生活后的第一个月里，艾玛尽心尽力，几乎很少出门，日夜守护照顾着幼崽。这一阶段，母性在艾玛身上展现得可谓淋漓尽致。孩子们在艾玛的呵护下，成长得非常迅速。

起名字

猫与狗一样，能飞快地记住自己的名字。不过与犬类不同的是，狗听到主人喊他的名字，不出意外，必有你所期待的回应，绝不矫揉造作。站在三伏天傍晚的门口，地上冒着热气，操起方言，往远处扯一嗓子，"卵卵，卵卵，快点家来"，转眼，一个小东西向你飞奔而来，心都安下了，你欢我喜。

猫可就不一样了，猫听到你喊他们的名字，除了耳朵会动几下外，接下来的态度完全要依着他们当时的心情。或无动于衷横了心不与你纠缠，或"喵"两声以示回应。如果他向你款款而来，最大的可能就是他们真饿了。这与人类是否有着隐约的相同？

给猫起个好名字吧，虽然他们不懂你在他们的名字上寄托了多少寓意，可喊的人图个快活，就像"三胖""绣球""微信"，咧嘴一声喊，外人听到了，也是要忍不住笑的。

（"爱猫的也常给猫许多好名字。最雅的如唐贯休有猫名'焚虎'，宋林灵素字'金吼鲸'，明嘉靖大内的'霜眉'，清吴世璠的'锦衣娘''银睡姑''啸碧烟'，都好。其他名字可参看《猫苑》（卷下）名物，此地不能尽录出来。"——许地山《猫乘》）

艾玛的日记：明天的事

　　谷雨前一天，蔷薇开了第一朵花，在接二连三的日子里，花飞快地开了半墙，没有去年香艳，粉红淡成了粉白，绿绿的叶子帮衬，倒也好看。星期六多云，傍晚时分，野猫肆意前来找花花单挑，声嘶力竭互吼半天，最后又是用武力解决了"领土争端"问题。结果，野猫逃逸，花花脸上挂彩，血染了几根胡须，折了右腿，趴在栏杆上调整呼吸，不作声响。昨日多云，主人有事去了城里一趟，好像尘埃落定，夜里落起了雨。今日清晨，东边小山坡上腾出薄雾，风缓缓吹来，云未开，雾难散，阴天的调子。午后产子，一、二、三、四、五、六，吉利数，主人欢喜。晚上，主人生火做了饭，天忽然有些凉，得弄些好吃的，吃饱了才暖。明天，明天的事明天再讲。

艾玛

4月26日

关于艾玛产子

　　艾玛怀孕、分娩的那段时间，正值人间四月天，虽常感春风拂面，但也有乍暖还寒的冷。艾玛的肚子，一入四月便迅速鼓胀，艾玛第一次怀孕，却是稳如泰山，不急不躁。相反，人倒是既兴奋又紧张。因为毫无经验，加上急切地希望保护好艾玛的情绪日益高涨，天天自愿认真地花去了不少时间去了解、学习关于猫分娩前后如何进行护理的常识。只盼等到艾玛有朝一日分娩时，能顺利产下幼崽，千万不要碰到意外，不要因为某些疏忽大意，造成无法挽回的后果。因为不清楚艾玛产子的确切时间，所以只能焦急地等待，日日查看艾玛的肚子，希望能尽早发觉出一点蛛丝马迹。

　　麦克·王离开艾玛去了远方之后，艾玛的肚子一天天鼓起来，但麦克·王，再也没有回来……

　　在等待中数着日子，数着数着，还是数出了一个好结果。

给艾玛的便条

　　亲爱的艾玛，看到你终于顺利产下幼崽，真替你高兴。虽然你从未将我当成你的主人或是朋友，但这不要紧，这不会影响我想让你在我这儿安心度过一生的想法，这是你来到我身边后，我从来没有改变过的愿望。

　　其实，我们生而平等，我们都无须为了适应对方勉强或被迫改变自己，对于你，我将尽力而为，天冷加条毯子，下雪喊你回家，钱用得宽松时，会去多买些小鱼给你，钱紧时，也是不得不买便宜的粮食。我能做的，可能不像一个宠物主人对于宠物应该做得那么完美体贴，我怕是做不到，我觉得那样做，对于一个从不善于迎合他人的人来说，是件很难的事，

　　我依然不会对你有任何要求，你无须向我走近，你将永远是你自己。另外，我还想要告诉你，你给我带来的快乐远超过我给予你的。

4 月 26 日 23:26

向何处

　　艾玛顺利产下了六个孩子（一个出生后不久夭折），他们分别是：大王（公）、阿曼（公）、
大白白（母）、灰太后（母）、欠你钱（母）。欠你钱是艾玛最小的孩子，艾玛和人类母亲一样，
对于最弱小的孩子，总会给予更多的爱与关怀。春末的一天晚上，欠你钱忽然消失了。但愿她忧郁
的眼神会在外面的世界变得开朗。

第一次世界访问

时间：六月某个午后

地点：后院

友情出演：大王　阿曼

剧情概要：六月，初夏午后，大王煽动阿曼趁大伙午睡之际，悄悄溜进了后院。按原先打算，他们要好好感受一下外面的新鲜空气，但是，经过在草丛中的一阵跋涉，他们很快发现，外面的世界太大，以致在回屋途中迷失了方向。大王和阿曼就回屋路线上产生了一些分歧。埋怨、困惑、安抚、劝慰，最后，他们终于达成一致，由大王带领踏上回屋之旅。

该剧自然取景，角色、剧情简单，主要表现在动物世界，再小的动物，他们的情绪变化，好像有些也是与人类相似的。

兄弟，看天下，莫怕！

　　嘿，兄弟莫怕，天南地北，总有一处会将我
们容下！用力长大呀长大，眼下的，天边的，何
惧在哪，共呼吸，不过一个天下！

初心不改

　　猫是猫，"乌圆""虎舅""玉面狸""衔蝉""鼠将""雪姑""女奴""白老""昆仑妲己""天子妃"等，这些猫曾经用过的别名，乍一听，就知道猫是个厉害角色，绝不可小觑。可以说，对非等闲之辈的猫有过多的要求，是人类自寻烦恼。

　　猫是猫，尽管人们花了很多心血打算让他们和犬类一样成为人类的忠实朋友，虽然这样的初衷也已完成部分，但从本质上说，猫不同于犬，猫之所以几千年来都未被人类完全驯化，并不是人类对他们的性格抑制改良得不够成功，实在是，猫就是猫。

　　猫就是猫，就像艾玛，尽管她的祖先已很好地融入了人类社会，尽管她最初也是作为一只宠物猫存在，但不能忽略的是，她原本就是和老虎、豹子、狮子们同属猫科动物。流淌在猫科动物生命里的血液、天性、本能，都驱使着他们和自然界里的其他动物一样，为了生存、繁衍，必须要学会奔跑、跳跃、攀爬、捕猎、捍卫领地，并尽可能地活得长久。所以，当艾玛回归并很快适应了自然环境时，她的所有行为，就是一只猫的本来行为。传说和现实，面对前者容许你后知后觉；面对现实，最好以先知先觉为上策。

　　艾玛由着喜怒哀乐的性子，在属于我们共同的时光里，初心不改，逍遥自在，将真实而清晰的时光雕刻得栩栩如生，多一刀是造作，少一刀不实，朴素地还原了生活本来的模样。

后来

后来，我们一岁一岁长大，翻一座一座更高的山，涉一条一条更宽的河。后来，我们一程一程离开，一次一次被命运磨砺、安排。后来，我们集齐了一段一段悲喜、忧欢，一回一回，盼着放下、归来。

后来，我们，终于不再。不在……我们将记忆一片一片掩埋，多一句，少一句，谁会来猜。

勇者为王——大王

大王是艾玛五个孩子中的老大，体型硕大，有着漂亮的皮毛，如小老虎一般，是家中猫群的首领。每次与大王相遇，总觉着他身上有种不同与其他猫的气魄。沉稳坚定的目光，仿佛存着遗世独立的清醒。相互注视中，常会生出感叹，也生出越发地喜欢。

一样的地方

　　我们，也许有一天，会有一样的心思、一样的欲望：生存、健
康的存在、相信希望。过去、现在、未来，简单得如同往常。

爱别离

　　亲爱的主人，我要走了，原谅我已经不能说再见，没想到这么快就不能再陪你了。你说有机会你也许也会写一本关于猫的书，我们都很开心，你还说等明年，等我们再长大些，胡须再长一些，等草地都是绿绿的时候，给我们拍一次照。你不要难过，我没能等到这一天。

　　亲爱的主人，谢谢你疼我一场，从我出生的那一刻开始，就得到了你特别多的宠爱。你说我的头大，毛色像老虎，就叫"大王"吧。你每天总是第一个喊我的名字，"大王、大王"，我听懂了呢。

　　可是，我真的是要走了，心脏突然失去了跳动的力量，不知道发生了什么，毫无预感。临走前的那天下午，你走过来抱起我，说是要看看你在我的眼睛里到底是什么样子？亲爱的主人，其实当我每次凝视你时，我总想告诉你，你的脸是有点大，尽管不太好看，可是你一定是个善良很有爱的人。我们都没能看到彼此老去的样子，实在是人可惜了。

　　亲爱的主人，谢谢你将我埋在后山。我可以天天看见你在院子里走动，你在我的旁边种了棵牡丹，我知道，你想我时，一定会来看牡丹的。

　　我走了，亲爱的主人，请不要哭，你不能哭。你一定知道生离死别是常有的事，我们不会永别，你要一直当我还在，我只是去了山里，有一天，我会回来。当你老了的时候，我就会回来陪你！

　　亲爱的主人，我不在的日子里，你更要保重好身体，要开心，多晒太阳，多吃鱼，不要再熬夜。我要先到另外一个地方去玩一阵了，相信我，我认得回家的路。

大王

2018 年

三两句

　　死是什么？是生的另一种不可触及的活生生的存在。挥一挥手，让我们彼此都听见："我一直在，睡去会醒来。"

天涯何处不相逢——阿曼

"此去诚知难复返，天涯何处不为家。"

犹豫再三，为了公猫的种种绝育后的好处，终于下决心送阿曼去做了绝育手术。

几经观察，自阿曼绝育之后，整个身体、精神状态都发生了一些变化，贪吃、变胖，失去攻击力等。阿曼从兄长大王突然离世后，似乎变得有些忧郁，加之绝育，雄性激素大减，对于外面野猫的侵入，更是显得十分被动。从前威猛神气，如今却远离是非，能躲则躲，已然基本不作为。

据说，给猫做绝育也是有利有弊，控制降低了某种疾病的发病概率，但同时也可能增加了另一种疾病的发病率。这让人在对待猫绝育的态度上，显得有些为难。

致阿曼

阿曼，自从你兄长走后，你好像完全变了。鸟鸣花落，你是再不愿多抬一次头来。失去了最好的兄长，对你来说一定是很难接受的事。可我也不知道该如何安慰你才好。你选择了离家出走，当然，换个环境不失为一种疗伤的好办法。阿曼，我老想着，有一天，你会突然回来，趴在树杈上看我，看看我是否还是你从前认得的那个我？看看家门口有没有可吃的食物？看看这里还有没有你的容身之处？我不清楚你在绝育后，会不会变得胆怯？会不会抑郁？在外面的世界过得可安稳？你不要责怪我才是。每次听到外面有关虐猫事件发生，我总是不安，生怕就是你们惨遭了不幸。但我又会转念去想，你们一定会是幸运的那个。往后的日子，未知的未来里，你可要勇敢一点，不要害怕。我有时想起你们来，总觉得命运奇特，你和你父亲麦克·王竟以同样的方式离家出走。后山太大，我寻不到你们了。或许，你们父子会相逢，或许，有一天穿过黑暗，我们也会在太阳升起的东山上重逢。

阿曼，家里院墙矮，外面不好玩，你就回来！

049

灰太后是艾玛几个孩子中与人比较亲近的一只猫。从容的眼神、柔软的身姿、粗壮的尾巴，行为优雅，凡事忍让大度。常常静静地向你靠近，化了你的烦忧，转身又轻轻地离开，再三唤她，又回头。可那意思是和原来不同的：主人不要过度沉溺，该干吗就赶快干吗吧！朋友们都喜欢灰太后，因此还另得了一外号"小情人"。灰太后从不争抢食物，很多时候都是冷眼旁观，小时候还挺热衷玩耍，长大后反倒不感兴趣了。对于游戏之类的事，似乎也早已置身事外。不过，有件事得实事求是地交代，她是唯一一只在同伴们都断奶之后，仍一直在悄悄地吃母乳的那只猫。

四季

　　四季里，一些时候，万籁寂静，听得见清晨第一声鸟鸣；一些时候，人声鼎沸，必须争分夺秒做万全准备；一些时候，算算时光尚早、合上双眼做个祈祷；一些时候，朝天一看，怎就想起踉跄当年，好笑得不得了；一些时候，一提到"那个时候⋯⋯"，真还得守住秘密、心静勿躁。哪得见轮回啊，转眼一晃，新四季赶走了旧四季，是从不讲情理。

念

山在一边，雪在一边，猫在梦里念，鱼在哪边？咪咪，你要站到西山顶上看那明月，大寒一过是春天，你可莫泪水涟涟……

煞声——九月十四日的事

九月的一天，蓝天白云，天气炎热。早晨收拾好行李准备出门。走近车子，看见灰太后躺在前轮边睡觉，上前叫了两声，却是一动不动。天热时，猫躲在车子底下睡觉，是常有的事。以为她懒得起身招呼，也不强求，又想到此次远行，要好多日不见，蹲下身去凑近又唤了两声，习惯性地伸手摸了一下灰太后的头，一具没有呼吸、已经僵硬的尸体生生横在眼前。头天晚上还看见她在窗台上朝着屋里叫了几声，转眼天一亮，却再不会睁开眼睛了。

下意识看了腕上的表，8：20，灰太后没了。（这一冷静行为是受了多年前一位重症监护室主任医生的影响。当年，戴着眼镜的医生站在面前，抬起左手，看了一下腕表上的时间，同样冷静地抬起头说："我们现在就宣布你母亲的死亡时间，好吧！"）

没了就只能没了。活着的还要挺住活着。匆匆将灰太后埋至游心亭旁的大桂花树下，人要出发。

后来将此事说给朋友听，认识灰太后的朋友也很诧异，想了种种理由加以安慰。在所有善良的解释中，最玄乎的是：灰太后知道你要出远门，预料到可能路途有险，恐有血光之灾，所以用命替你挡了这一劫。猫不是人，猫生比人生也要轻、短许多，然而，都是一条命。相比起突然失踪、消失，死更可怕，因为后者再无生还的希望。养猫，有时就是件会让人伤心的事。好在人生中总会有几件极其难过、痛心的事，有些事发生得轰轰烈烈、有模有样，结果是好或是坏也都有个准备；有些事，悄然无声中发生，知道时，只见着一个再无法改变的结果，不给任何机会可以选择、调整、修正，"不知怎么回事"，只能被迫接受事实。如今，知道世上竟还有"时间"这剂好药，所以，反复再痛时，好像就不那么容易痛彻心扉了。

世界的好奇者——大白白

大白白是一只对世界充满好奇感的猫。

世界的法则之一：随遇而安

 一个生命对于自由的渴望，无论是出自本能，还是受后天各种因素的影响，无论是高级动物还是低级动物，从某种意义上来说都是相近的。只是作为高级动物的人类而言，可以通过改变环境，进而改变命运，而低级动物则只能被迫适应环境，最终形成了优胜劣汰、强者为王的法则。当他们一旦因为人的原因失去了自由，那么他们整个生存状态，将很大程度上取决于人类的态度。这是不公平的，也是无奈残酷的。世界安稳自有安稳的法则，不过，人们有时在无助、动弹不得的情境中所追求的"随遇而安"，在动物们身上看似真正做到了。

传道

"大白白，'道可道，非常道'。以前有听主人和他朋友聊天说'名可名，非常名；道可道，非常道'的意思只可意会不可言说。作为你的母亲，好孩子，我只想告诉你：自己悟出来、想明白的'道'、自己闯出来的'道'，才不会空洞，不会荒芜。才会鞭策你不贪图、不盲目。才能在虚妄颠倒中，永远记得住、寻得到归家的那条'道'。"

行路

　　荆棘路、坎坷路、弯路、险路、岔路、小路、大路。路难行，行路难。切莫轻视微不足道的每一步，一步又一步，不蹉跎虚度。终有一日，你会发现，前路豁然开朗，心紧跟着，从此，再不问家在何方。

午后的一件小事

　　大白白三四个月的时候，小犬马奈出生。午后的阳光洒在罗汉床上，一个美好的季节里的一个时辰，没有往事，只有此刻。此刻眼前出现的这个新奇物种，引起了大白白的好奇。而刚出生没多久的马奈，此刻也还未能全面开启属于她的感官世界，对于大白白的各种探究，马奈似乎毫无反应。大白白静静地，静静地看着马奈从自己眼前的世界走过，悠然、自由地走过。

　　猫的眼睛、人的眼睛，在此刻的静观中，都生着好奇。

不如意之事，十有八九

中国民间有句老话：人生不如意之事，十有八九。大致意思是说人生中不能如愿、不开心的事太多，十件事中就有八九件。这也是一句安慰人，或是自我宽慰的话。要学会认命"算了"，抑或学会通过抗争改变现实，都非易事。但比起人类来，动物世界里的抗争，就执意和义无反顾、不计后果的勇气而言，可能要稍大一些；他们对同情和安慰的需求可能要少许多。话说回来，相互参照是不成立的。

吃草与抓老鼠

    像人类吃荤菜，一定也要吃素菜一样，猫抓老鼠吃，有时也找草吃。荤素搭配，营养均衡，促进吸收，帮助消化，其目的都是为了健康愉快地活着、无病无痛有质量地活着，这，比什么都好！

戏说相由心生

（据观察，猫狗都能在照镜子的时候流露出内心的情绪，有时是满意，有时则很不满意。）

"相由心生""相随心转"也是中国老祖宗流传下来的话。这里的相由心生，是说人的外表、容貌会受心灵、心境等内在因素的影响。心相决定面相特质，心慈面则善，心贪面易垂。同样，面相反观心相，眉清目秀多显温柔良善，奸诈之相必是常存恶念。心乱动，相定不稳。内心结果，面上开花，果结得好，花自然美丽。相由心生，这些讲的是关于人的事。动物世界庞大，人类自顾不暇，来不及花精力去研究动物们的长相与心思问题。关于虎头虎脑、鹤发童颜、贼眉鼠眼、尖嘴猴腮、"恶人养恶狗"之类的好听与不好听的成语、俚语，虽然看似都与动物的长相有关，也都十分精辟，不过其本意还是人类按照自己的主观喜恶及意愿，对动物的相貌进行简单直观的描述，再借此来形容、比喻人类自己。

大白白有着一副对世界充满渴望的样子、有着不达目的不罢休的傻劲神情。她还是一只有真性情的猫，和人类一样，形容孩子的特点，同样可以形容一向天性解放的大白白。例如她很小就能有分寸地对人实施任性而为与老实听话的双重标准，那些既抽象又具象的愿望、要求，通过她从不掩饰的形神传递，都能一一实现。她的面相，很容易让人产生心甘情愿与之对话的错觉，她以足够强烈的存在感，证明着她在你的世界里的重要意义。所有的情绪在她脸上都有明显反应，相信这些应该直接来源于她的内心。当然揣测也许仍带着人的主观判断，但牵强地说，这与"相由心生"应该是有些关联的。

冬日暖阳

　　在大王走后不到一个月的时间，正值天寒地冻的二月。艾玛在车库顺利产下了三只不同颜色的小猫，母子平安。白色取名"可乐"、黄色为"欢欢"、黑色为"西西"。"可乐"是落地叫声最响的一只，也是体形最大的。

　　漫长的冬季，没有什么好玩的事发生，咪咪们在一天天按部就班地睁眼、长大。说来也巧，他们的出生赶上了暖冬。有过几场雪，但冬日暖阳很快就将头天落下的白雪融化，在檐下"滴答、滴答"。艾玛和她的孩子们在屋里是另一道风景，起先都是安静的，突然，不知何时开始，多出了"嗒嗒、嗒嗒"，"嗒嗒嗒嗒""达达、达达"的声音。有意思的是，每次听到咪咪达达的脚步声，脑子里总是冒出"我达达的马蹄是美丽的错误 / 我不是归人 / 是个过客……"。诗句出自诗人郑愁予先生的《错误》，老早曾背过，却从未有过引用，只记住了最浪漫悲情的部分，现在派上用场，让人意外。

　　冬日暖阳里，也许，你不是过客，而我，巧遇你，恰似归人。

着色

  黄的，白的，黑的，黑白的，黄绿的，花的，
生命赋予你的色彩，你自顾自地热闹绚烂，
关于这些、那些不能被遗忘的意义，你着色，
可容我，轻轻润泽？

日子

　　日子里，嬉闹的仍在嬉闹，闲聊的还在闲聊，育儿的继续育儿，创造的必须创造。这是你的日子，我也有我的。有时沉重、有时轻松；有时孤独沮丧、有时备受鼓舞；有时花里胡哨灵光乍现、有时庸庸碌碌心灰意懒；有时欣喜着你也爱我，有时万分后悔懊恼；有时辗转难眠难言，有时远望群山风轻云淡。我们有时会有一些关系，有时未必打算来生再次相聚。这些都不重要，现在，我常喜欢看着你，莫担心，很幸运，日子向好，我要向你表明！

Cat

isn't

猫非猫

Cat

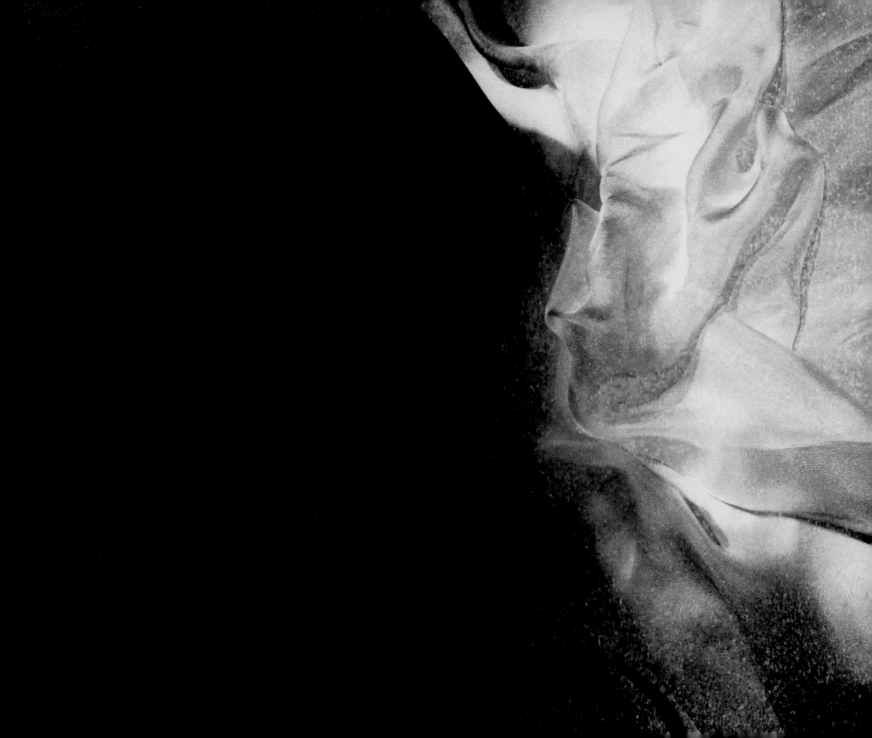

猫非猫

猫非猫，在许多古老的传说中，就有人会变成猫、猫成精后变成人的说法，前者叫"人猫"，后者叫"猫人"。不知为何，似乎没有人会愿意说"我是狗"，但如果说"我是猫"，听起来就顺耳舒服许多，有种躺在太平盛世的太阳底下，懒懒地晒着太阳的心安理得。可见，猫与人的关系，远非狗与人仅是忠实的朋友一般。

猫非猫，猫是人。真的，猫和人一样，有相似的欢喜，也有异同的孤苦。人有稳重善良、多愁善感、活泼快乐、自私奸诈、跋扈霸道等不同的脾气性情。猫也有温柔可人的、郁郁寡欢的、占有欲强的、懂事的、暴躁的等五花八门的性格特征。每个人有每个人不同的命运，每只猫也有每只猫不同的一生。

猫非猫，猫是人的"镜子"，人能从这面"镜子"里多少更看明白一些自己。长久以来，猫一直很难被驯服，自有道理。即使是改造了脾气习性的宠物猫，如果有一日让他回到残酷的野外猫群，为保生存，他也会很快唤醒沉睡已久，甚至几乎可能快要丧失的天性。磨尖利爪、咆哮、驱赶、抢夺，浴血奋战，为了食物、为了领地、为了尊严。人不管他，他自有能力生存，他若主动找你，不要过分惊喜于你的魅力，他不来，一定是无求于你。人类对于这种相似、默认的"随性"，从来只能对着"镜子"选择一笑了之，因为太像。

我们从不计较并始终会容忍，原谅猫的自私、任性、狡猾、冷漠、功利，就像随时准备原谅我们自己一样，无论是出于自愿还是被迫。猫不会有明确标准的好猫、恶猫之分，但猫这面"镜子"，却可能照出谁是好人或是坏人。如果人照不照这面"镜子"都是人的话，猫其实就是猫。猫非猫的话，这后面的话就不好深究，倘若照得人非人的话，这事就有天大了。

不管黑猫白猫，会抓老鼠都是好猫

　　中国狸花猫近几年才成为我国目前唯一被世界认可的中国本土自然品种。其实从土猫转正为中华田园猫，并不十分重要，重要的是不管黑猫、花猫还是白猫，只要会抓老鼠，就称得上是好猫。如同好的狗，便是要会看家护院，平日规规矩矩，与主人同甘共苦，关键时刻还能舍命救主。否则，再好听新奇的学名，一旦本性泯灭，那就什么东西也不是了。

　　不管是黑猫还是白猫，能抓老鼠就是好猫，对猫来说，这是千真万确的大实话。YES, No matter if it is a white cat or a black cat, a cat that can catch rats is a good cat！

事情的缘起——花花的母亲和姨妈

　　所有关于猫的事情，都是由花花的母亲大咪引起的。几年前，领养了人生中的第二只猫。养猫的原因十分简单简单：住处来了老鼠。消灭老鼠的最好办法就是养猫。当时只相中了花花他母亲，但卖主说：不如两只一起买了吧，她们本来就是姐妹，回去也好有个伴。心一软，领回了花花的母亲和姨妈，也就是大咪和二咪。

　　后来，大咪生下了花花及其他几个兄弟姐妹，二咪因为存在某些缺陷，在一次掉入水池救回后，离家出走。（因为受住所的地理环境影响，无形中为猫的自由来去提供了无法人为控制的方便。）

　　再后来，朋友又相继送了三只猫来，于是，养猫成了日常生活的一部分，这是从没想过的事。

　　去年，在清理电脑中的图片时，发现有关猫的图片竟占去了不少硬盘空间。回过头大致翻了一遍，觉得这些图片是有意思的，只是有的意思大些，有的意思小些。就像我们人一样，有的人看起来似乎"有用"些，有的"没用"些，但都是一个真实的存在，真实地展示、传递着生命的能量。经过再三考虑，这本原先从未出现在写作计划中的小册子就这样正式萌芽了。

狗拿耗子

　　邀功是猫、狗都爱干的事。猫抓老鼠,与生俱来的本事,狗拿耗子,纯属多管闲事。泰迪犬八嘎在家中誓以主人助理自居,排行老二。常对着花花呵斥,一副不把猫赶走,决不为狗的腔调。勇敢的花花向来不惧这套,"你守好你的大门,我抓我的老鼠,井水不犯河水,各司其职。老鼠明摆着是我逮到的,你要抢走,不可能!有些事,睁一只眼闭一只眼也就过了,有些事,不行就是不行,没什么好不服气的!"

　　局面持续僵持,狗想抢猫的猎物,猫不干,到手的东西,岂有拱手相让之理。猫狗之事,没有人情世故的束缚捆绑,可不能想得太复杂!

高度决定态度

猫在树上，狗在地上。隔着一棵树的高度。

花花发言："八嘎，你要搞清楚，这里是谁的地盘，老虎不发威，你还真拿我当病猫不成！无法无天了，你以为你能爬树吗，你敢上来？试试看！"八嘎干着急，蹬着两条后腿，一会站立，一会朝高处恐吓。狗不会爬树，急起来，顶多是跳墙，且不可能是高墙。因为狗有恐高的弱点，否则也不至于如此狼狈尴尬。

不同的高度，说不同态度的话。好玩的是，虽然态度未必一定彰显出高度，不过，高度有时能决定态度，这事，我们心里自然有数。

如影随行

　　认识、看清、明白、敢于面对真实的自己，不是件容易的事。时间、环境、旁观者的角度等诸多因素，都有可能直接或间接影响，甚至颠覆其日后如何定义自身的最终结果。所以，守住内心、适当反省、坚定自己的立场和前行的方向，同样也要紧。

小东西

    一只一只，一个一个，一群一群，可爱又稀奇的小小的小东西。那些肆无忌惮、不讲理的小动作，都让人不由自主地笑声四起。即使，即使那些任性的、讨人嫌的小性子，也都可以被纵容、被忘记，不是什么大问题，谁叫你是小东西！以后，大了以后，可就不准许。

家园

"……大山为屏，天地为庐，草木为衣，与世两忘，不牵尘网……"

诗意的距离

　　最初说要来时，等与不等都是不动声色的。时间原本纯粹，与世人产生关联，调和成了五味杂陈的日子、岁月。后来，等你来的日子，时间过得一会快、一会慢；一会想倾情奉献、一会想拼命索取；一会守口如瓶、一会滔滔不绝。最后，放弃不等了，日子仍旧还原成了不言不语的时间，不快、不慢。十年、三年、一季、一天、一秒，没有欢喜，没有忘却，没有勇气，再没有离别。

　　不能过近，不能太远，你我之间，最好，留着盼得到的诗意距离。

玄色之玄

　　玄色，先秦时期指青色或者蓝绿色调的颜色，汉代以后指黑里带微赤的颜色，黑色。

　　造物主伟大而神奇，创造了一种有着浓烈的、古老而神秘的通体乌黑的猫，这种纯黑的猫也叫"铁猫"。当然，有着黑得发亮皮毛的动物远不止一两种。听闻古今中外黑猫有驱邪消灾的能量，黑狗也有一镇宅之说。的确，凡人眼睛总是习惯光亮，若是置身于一片乌漆墨黑，难免会生出不够勇敢的情绪。而那些邪恶之事以及书中的孤魂野鬼们多发生、出没在黑暗中，常人发现不了，裹着一身黑色皮毛的猫、狗老远就能知道，且又不会被对方发现（这是关键）。他们瞬间跳蹿出来，伴一声尖叫，必能吓得对方屁滚尿流、魂飞魄散。如此想来，黑猫、黑狗有辟邪镇宅的特性，虽有迷信意味，但也有成立的部分可能。总之，玄色定是个能镇住大局、意义非凡的颜色。

情非得已

寻寻觅觅，情非得已，要
穿过哪一道门，才能忘记，才
会想起，你还，留在原地。

花花

　　花花是大咪的孩子，是一只十分聪明、懂事的中华田园猫。大度、有分寸，眼头见识也好。没有阴晴不定的任性，没有不近人情的莫名。倘若不是麦克·王的到来，花花决不会被迫离家、离开艾玛，不会。可世间，情非得已的事太多，更哪有"如果"之事。动物世界在一些原则性问题上，有时会显示出更为真实残忍的一面。强者为王，唯顺其自然，方得安稳。

关于一只叫 LUCKY 的截肢猫

　　LUCKY 是一直养在我身边的一只截肢猫。当时发现 LUCKY 时，他被山中村民放置的兽夹夹住了左腿。皮包骨头，眼底无光，浑身发臭，左腿几乎已经血肉模糊，腐烂到了腿根部。在宠物医院，兽医对 LUCKY 的生死去留十分冷静。安乐死？一针结束日后的所有痛苦。截肢？三条腿？意味着种种未知的不幸与折磨。但很快，在手术风险告知书上签字后，LUCKY 被成功施行了截肢手术，保全了性命。

　　他一直顽强地活着，因为一直养在屋子里，由此还窥探到了不少我的秘密，我想借这本小册子表达对他的祝福。

　　只有活下来，才有种种希望。活着，只要有一线生的希望，就要竭尽全力地活下去。

　　当飞鸟滑翔过眼前，也许不可能再跳跃捕捉，但有着本能的起跳的姿态，哪怕只有三条腿，我依然能想象出他最美妙的弧线！

媒婆一点痣——文森特

　　文森特的原名叫"媒婆"，刚抱来时不到两个月，起先不懂，以为是母猫，见其嘴角有块小黑斑，取名"媒婆"。长大些从对艾玛的一些异常举动上才发现，原来"媒婆"是只公猫，后改名"文森特"。听说文森特从小就受到极好的优待，可以经常和主人同睡一床。不过，这种待遇只能成为快乐美好的回忆，新的居所使文森特很快从失望中觉醒，因为只有充分适应环境，才有重新过上好日子的可能。

重归阿勒泰

　　文森特，我猜你也常会幻想远方的样子，如果允许，我真想带你来阿勒泰，快马进山，接住空中飞舞的草种；或者，在去冬牧场的路上追一趟落日。虽不能断定那时天空是晴朗，还是大雪飞扬，但如果我们和马一起欢快奔跑，你一定会听见大地的声音，他说"这里，就是故乡"。伴着浓烈而深沉的震响。当然，我们还要去山顶看星星，大颗大颗会眨眼睛的星星，她们会穿过夜空，带着来自银河的消息，悄悄地，悄悄地，坐在你身旁。

飞鸟与猫

　　每年台风来的时候，总会有一两只受伤的鸟被狂风暴雨卷落进院子。雨停，凉风呼呼地吹，一推门，就能见到地上有猫热心送来的礼物：品种不一的小鸟，长嘴的、短嘴的。每次见着，总觉得日子还是生动愉快。文森特和其他的猫咪都有很好的弹跳和捕捉能力，跳得够高，出爪够快。特别是文森特，只要他愿意集中精神做事，他总能做好！

自由的味道

　　文森特在外面打架瘸着腿回家的情况，随着他的长大已是难得有了。每次伤口快要好时，他就迫不及待在笼子里上蹿下跳，一次比一次坚定的叫声，示意他已完全做好了重返大自然的准备。基于这种不可抑制的带着强烈渴望的野性冲动，很快，他又重新嗅到了自由的味道，鸟语花香，暖风拂面，物我两忘，仿佛。

捍卫

　　其实，文森特的战斗精神也是后天为生存所逼出来的，因为要捍卫家园，保护伴侣，文森特渐渐练就了勇猛的性格。夜深人静时，院子里发出对吼的驱赶声，一定是来自文森特。不过，自从赶走了肆意前来争夺领土的强有力的对手"大黄"后，文森特似乎有些伤了元气，整日无精打采。没有对手，独孤求败，有时大概也是痛苦的吧。平日酷爱找文森特一起玩耍的八嘎，似乎对文森特的状态也不甚满意，每日独自去后山上转悠，他要好好想个什么法子，让文森特重拾捍卫家园的信心。

两小无猜

"郎骑竹马来，绕床弄青梅。同居长干里，两小无嫌猜。"

缘定今生

艾玛：

　　造成你意外怀孕的事，我一定认，你放宽心，安心静养，我不会不管你的，但是你知道，外面的事也多的，不能常陪你。趁今天晚上我有空，有些事我想还是要和你尽早谈一谈，例如谁抚养孩子的事，如何教孩子们独立生存等诸如此类的事，可能这些事都得你负责，我从旁协助就是！

文森特

生死未卜

很遗憾，文森特到底还是离家出走了。时光流逝，艾玛依然还认得每次受伤后回家的文森特。有几次，艾玛飞快地奔向文森特，将头靠近她的伴侣时，文森特都会扭过头，转身离去，站在一个角落，远远地看着艾玛，远远地，一直看着。最后一次文森特回家，当他试图和艾玛与麦克·王的长子大王交流时，大王拒绝了文森特的回归。从此，艾玛与文森特，虽不见得是生离死别，但，天长地久，再无从说起。

豹子是只猫

小雪是只猫，天生的肇事者。说是孟加拉豹猫的后代，客观地讲，除了永动的身体和飞扬跋扈的灵魂让人心生不安外，小雪挺漂亮。略似小豹子的体型，迷人的眼睛，粗壮的脖子，大而高的脚爪，锋利的指甲，金色的皮毛，毛尖在阳光的照耀下，像是在身上裹了一层金屑。但这并不只是豹猫的主要特点，比对过真正的孟加拉豹猫的体征和特性后，毫无疑问得出的结论——小雪一定是只杂交的孟加拉豹猫。它的出现，几乎颠覆了猫讨人喜欢的所有优点。但这不要紧，也许人在猫眼里，除了会根据心情施舍给他们一些食物外，其他剩下的特性也是不讨猫喜欢的。

在小雪这个名字用了一段时间后，因其不听话、不服管教、调皮捣蛋、任性妄为、无法无天，最后改名为"豹子"。它很快听懂并心安理得地接受了自己的新名字。豹子是只猫。

为了巩固其霸主地位，任性的豹子最喜欢做的事就是不断的滋事、挑衅、驱赶。毫不夸张地说，豹子从不缺女朋友，只要自己喜欢，直截了当，从不装腔作势。虽然绝育之事刻不容缓，可一想到豹子一旦雄性激素大减，整日吃喝躺歇，苦闷抑郁，无所寄托，总是迟迟下不了送他去医院的决心。

当然，为了对它负责，豹子最后还是做了绝育手术。它被关在笼子里，睁大眼睛等待麻醉，眼神中前一秒是对未知的惊恐，下一秒是对主人的极度信任，反复交替。事后很长一段时间，一直想起。

请注意

　　基尼是宗耀先生在夏天托人送过来的一只猫，原名咪咪。说是因一些不得已的原因，已不能再将猫继续养至家中。咪咪五岁，英国短毛猫，好像是一个十分古老的品种。大头、包子脸、圆眼、心宽体胖，以白毛为主，毛白中夹少许灰、黑。除绝育后，个别生理需求不符合猫性，显得不够自重外，基本上还算高冷。来家后改名为"基尼"（英国旧货币名）。

朋友与猫

　　朋友们喜欢猫的程度常常超出我的想象，这很让养猫的人高兴。说实话，我更喜欢狗一些。人总是喜欢听话的，听话的狗、听话的人。能寻觅到后者太难，拥有前者就容易很多。

　　朋友中有男性、女性，他们养猫的理由也各不同，有出于兴趣，有出于感情。有的是十二分地喜欢、有的是为了培养孩子的爱心、有的是为了给家里已有的猫找个陪伴等。

　　养猫的头两年里，每次有新的小猫出生，大致养到两个多月时，朋友们就会来家里抱猫。每次总有不舍，可想到猫咪们日后都能有个好人家，遇到好主人，对猫来说，是福气，是幸运。

　　朋友们对猫的善意收留，让人感激。每次不用多关照，临走时都会说："放心吧，一定不离不弃，会养好的。"这话，我知道，一定是真的。

好奇眼睛

  生命最初的好奇，长大后是否都会习以为常？你眼中清澈天真的明亮，是否永不蒙尘？永不褪色？纵然白发苍苍，依旧闪着纯净的光芒？

  是什么东西停在树上？是什么发出声响？是什么一直在摇啊晃？睁大眼睛，聚精会神，可是要留下对世界万物最初的好印象？

猫尾巴、爪子与步伐

　　猫步，说到猫走路的步伐，人们通常会联想到模特在 T 型舞台上走的台步。事实上，两者在走路的 X 型姿态上，的确有着某种相似，猫可不会学人走路，自然是聪明的人学猫走路，所以时装模特的台步也俗称"猫步"，很是形象。

遗传

　　恺撒和 KING 是一对父女，相似度颇高。从科学的角度上讲，我们会将动物行为的相似性与食性的相似性等都视为遗传现象。至于动物的长相、性格脾气的相似是否也可归于遗传现象，只能从民间俗语如"龙生龙，凤生凤"中去猜测和印证了。

猫的别名很多，国内有"四时好""乌云盖雪""踏雪寻梅""雪里拖枪""鞭打绣球""银枪拖铁瓶""金被银床""将军挂印""绣虎""梅花豹""缠得过"等，单从给猫起的名字上来看，就可大致揣摩出猫的毛色特点。如不论黄、白、黑，全身一色无杂色者皆称"四时好"；全身皆白，尾巴纯黑（或黄），头上一团黑色（或黄），这样花样的叫作"挂印拖枪"，又名"鞭打绣球"。生动形象，十分好玩。另外加上引进的不少外国猫，其品种繁多，更是报不过名来了。

"一山不容二虎"，据观察，两只母猫也会打架，弱的那只会寻求保护，一旦有强壮的公猫出面保护她时，另一只母猫就会放弃攻击，从此，两只母猫相安无事。可见，猫的"江湖"也有拉帮结派的现象。大哥需要众星捧月，弱的需要强的罩着作靠山，不足为奇。

猫的繁殖十分迅速，就像太阳从山尖、从海面上跳出的一刹那，三四个月，一窝小猫，一群新的生命就横空出世了。唯一可以阻止如此迅速繁殖的办法，只有带他们去做绝育手术。

猫会生病，各种病。感冒时也是鼻涕眼泪一大把，"小猫症"是指永远长不大的猫。糖尿病、心脏病、尿路疾病、肠道疾病等，都需要及时用药。无大碍的，请让他们安静休养，不要过度关注。猫也许会在很年轻时出现猝死的情况，因为他们的交配较为狂野和随性，容易诱发一些先天的致命的疾病，这是个别情况，请不要太难受。猫会为了领地打架，轻的身体被抓破，脸、鼻子、耳朵是容易被攻击的部位，重的腿脚也会受伤，他们有自我疗伤的能力。受伤后的猫十分敏感警觉，请保持距离。

与大自然的其他物种一样，猫也会老，转眼间的事。尽量对他们善始善终，少受煎熬。当激情退去，不必太多联想，各有各的日子，都是要过好。

古庙诗人

　　"沙漠玫瑰" 约旦佩特拉古城，卡兹尼神殿前，一只祖辈见证过文明与繁荣的历史的猫跳上了桌子。深邃神秘的目光，收敛了曾经的狂傲与不羁。非凡的气度，藏着永生的信念。在过去与现在的缝隙间，回眸一瞥，告诉他眼前人，他，就是失落之城中古庙诗人的灵变。

128

高冈上的吟唱者

　　大雪两天，今日放晴。高冈上的吟唱者，一如既往，屹立在海拔千米的岩石之上。他说，不要害怕，不要畏缩！他遇见过更狂野的风，更寒冷的暴雪，更难守的孤独。他永远会在这里守护，在天穹之旁，将所有跌宕起伏的、咆哮的过往，转成轻吟浅唱，向着太阳。

巫师

　　"掐指一算，知道你们今天中午来！来来来，想知道什么，前程、婚姻还是她的心意难猜？黄沙漫天莫徘徊，快快快，快跟我来拿塔罗牌。'隐者正位''逆位皇后'啊……听话，你的命运，有惊无险，我来替你好好安排。"

忍者无敌——春天里的猫

　　春天的西奈半岛，烈日当空，植被稀少，人迹罕至。放眼望去，火箭弹架在不远处的岗楼上，架势十足。圣凯瑟琳修道院门前的两只猫，稳稳当当在石板上端坐。断粮缺水也不能心慌，保持体力、忘掉饥饿、退去情欲、牺牲喜乐。不烦，不凡！

簟纹如水——夏天里的猫

　　台风来了，夏夜里，海水"唰、唰、唰"，咪咪好奇，
明天岸上会不会有好多鱼可以自提？

社燕秋鸿——秋天里的猫

　　中国有句老话说"一方水土养一方人"，这理若是挪用在猫身上，硬得出一个结论说"一方水土出一方猫"的话，不免又显得过于好笑了。不过，江南水乡小镇上的猫与关外大漠、藏区高原上的猫，如不作胸怀、视野、格局大小的比较，单从体型、神态、行动欲望上的差别来看，也是显而易见的。

暑往寒来——冬天里的猫

十月十六日，阴天。

……乌鸦在头顶上叫了几声，飞进了栅栏外的松林深处。前几天从河边跟回来的咪咪蹲在门口舔伤口，狗子坦克吃完半个辣馕，已躺在草堆上安心睡下。昨半夜里，被他的叫声惊醒，起身推窗查看，白亮的月光底下，一头牛正慢慢悠悠从窗前走过。在这里过日子，要卸下不少多余的防备。

现在，和平常一样，几个，再几个钟头过去了，不见一个人影晃动。雪落在了远处的山顶，没有经验，猜不出下一场雪落下的时间。四面环顾，若将空处视作留白，远处的云层、山石、中间的高树、低枝，近处的木屋、围栏，倒像是中国画常取之景，无须"经营"，照实"置位"，即刻能成就一幅空寂幽远的好画。天地间青白无风，院子里堆了不少给牛过冬的干草，多少挡住了一些风。其实一直住在冷的地方，因为进出都是冷，后来，也就不觉得冷有多冷了。

据说，阿勒泰的冬天白得漂亮，也寒冷得刺骨。过几日大雪下来就必须回城了。也不知道近来日日睡在床角的咪咪以后会去哪里？冰天雪地里是否还能找得到食物？明年再来时，是否还能再见上？不去多想，好像有更重要的事要做，一定，要将比较琐碎的小事，尽快放下、淡忘。擦了下眼角，总是要下定决心才好。

流浪者之歌

　　如果，有一天不用再到处流浪，我打算清晨和小鸟排练一首合唱。如果有个再不需要挣扎的地方，我定会重新燃起希望。到处流浪呀流浪，只愿，不再遭到无情地遗弃、虐待；不再因挨饿哀嚎；不再为食物争抢打斗、独自疗伤；不再深陷美好的回忆在荒凉之上。愿，只愿每一天自然醒来，阳光下，世界平安如昨，无恐无慌无动荡。如果，真是那样，万物皆有灵呀，我要快乐地流浪呀流浪，流浪到再见你呀……

后记

　　《猫非猫》是一本关于猫的小册子。本来打算将这本册子作为《傻瓜的美学》第三季，但和编辑商量后，决定独立出来。

　　《猫非猫》，透过猫的世界，对自身再次反观、重审。

　　我原先并不是一个喜欢猫的人，当初也是因为住所周围老鼠猖獗才不得已养了猫。养了猫后，没想到竟对猫生出了不少特别的情意，猫对我的生活也产生了不小的影响。甚至到后来，我有时想，原本较为安静已近乎懒于思考的日子，猫的出现，说不准是为了让我重新勤奋起来，可以学会更坦然地接受无常的变化、更好地去了解生灵万物和平共处的法则。同时，也有机会能再好好地看清、面对真实的自己，更加懂得如何尊重、疼惜每一个生命的不易与可贵。最终，能让自己真正成为世界上一个像样的人。

　　《猫非猫》，在我的世界与猫的世界重叠部分里，我们一起在春夏秋冬中轮回。然而，这些、那些日常，人的日常，他们的日常，都是一个个零碎的片段。每天我们各自都在发生着许多事，有时热情高涨、有时垂头丧气、有时误以为相互理解、有时盼着有雨水、有时又共同渴望大大的太阳在天亮时升起。其实，关于许多情感、秘密，我们根本无法相互知晓，更谈不上感同身受。在这本册子中，也许没有一个称得上完整的猫的故事，但这里的片断、情节，是有趣味、有意思的。她可能与你所知所见略有不同，但又似乎与我们人类有着许多相似。

关于这本书，谈不上有什么灵感促发，但创作的冲动始终是在的。《猫非猫》和《傻瓜的美学》前二季的创作方式基本相同，只是，意图与不经意之间的界限，到如今，感觉模糊了。

再次感谢浙江人民出版社的信任与支持，感谢责任编辑余慧琴为书中的图、文所提供的详细的建设性意见。感谢融象工作室顾页先生充满想象的设计，第三次合作，人生难遇几件珍贵的事，这应该算得上是一件。

我还要特别感谢徐军先生，对他有趣的创意以及他为本书所作的所有宝贵的修正，特此深表谢意。感谢杨培芳老师多年以来对我所有创作的毫不吝啬的表扬。

感谢努尔江、叶尔江、HAYRBET、陈海阳、张帆先生，我们在大天地里建立起的难忘的情谊，使得本书在最后的修改阶段，增添了别样开阔的气息。

感谢所有出现在我生活中的猫咪们，他们有的是在外面所遇见，有的是自己养的；有的仍在家中，有的送去了朋友家里，有的在天堂，有的在远方。尽管他们永远无法知道这本书的意义，但我仍执意地认为，他们一定也会和我一样，希望这本册子能给更多的人带去快乐的想象和阅读的愉悦。

本书初稿于 2019 年底就已完成，可因 2020 年初碰上了疫情，加之各种家务琐事烦累，书稿就此搁置。两年来，整个世界发生了太多太大的变化，始料不及。2022 年恰逢中国戊寅虎年，虎虎生威，猫虎同科，也是巧合。重新将《猫非猫》书稿拿出来调整删改，当是献给虎年的最真挚的礼物。同时也将此书送给曾竭力"拨乱反正"、改变我人生轨迹的生肖属虎的大姨王素华女士和木木先生。

生命中的事，常出乎意料，又似乎早已注定，这是今年突然明确了的事。

最后，一如既往，愿爸妈在天之灵，永远护佑、指引我努力勇敢前行。

2019 年 10 月 18 日初稿完成于阿勒泰
2021 年 10 月 21 日终稿完成于阿勒泰

图书在版编目（CIP）数据

猫非猫 / 过晓著. —杭州 ：浙江人民出版社，
2022.4
　ISBN 978-7-213-10515-9

　Ⅰ．①猫… Ⅱ．①过… Ⅲ．①猫－普及读物 Ⅳ.
①Q959.838-49

中国版本图书馆CIP数据核字（2022）第032663号

猫非猫

过晓　著

出版发行	浙江人民出版社（杭州市体育场路347号　邮编 310006）
	市场部电话：(0571) 85061682　85176516
责任编辑	余慧琴
营销编辑	陈芊如　陈雯怡
责任校对	何培玉
责任印务	陈　峰
封面设计	融象工作室
电脑制版	融象工作室　顾页
印　　刷	浙江海虹彩色印务有限公司
开　　本	889毫米×1030毫米　1/16
印　　张	9.75
版　　次	2022年4月第1版
印　　次	2022年4月第1次印刷
书　　号	ISBN 978-7-213-10515-9
定　　价	128.00元

如发现印装质量问题，影响阅读，请与市场部联系调换。